改變世界的

STEM 職業

健康科技

英雄

湯姆積遜／著　　翟芮／繪

新雅文化事業有限公司
www.sunya.com.hk

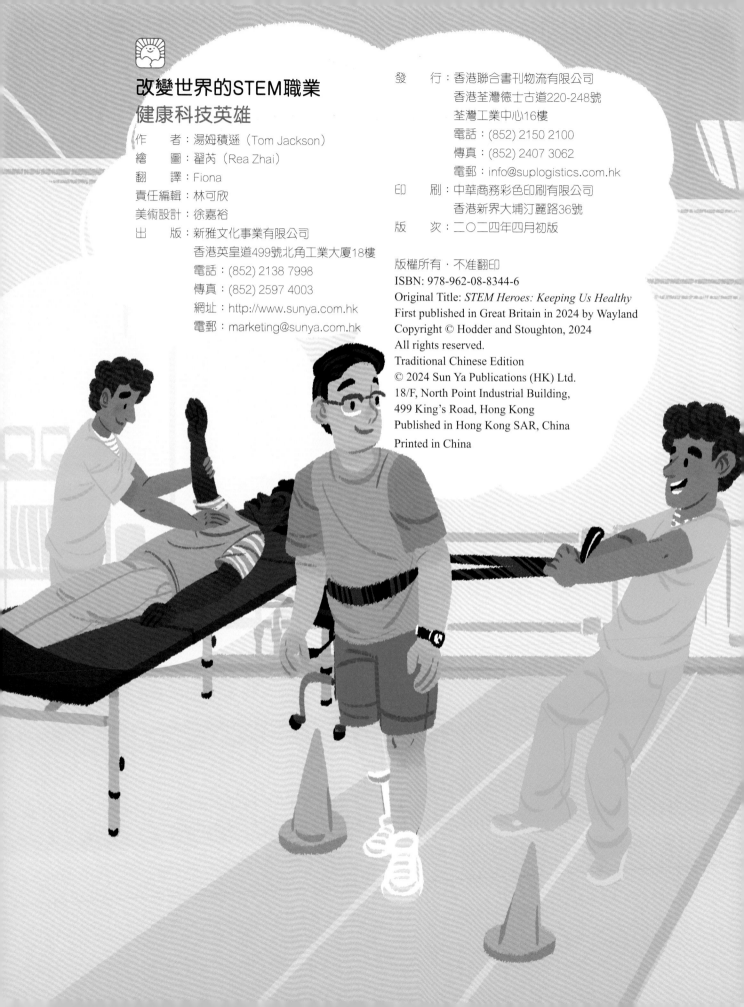

改變世界的STEM職業
健康科技英雄

作　　者：湯姆積遜（Tom Jackson）
繪　　圖：翟芮（Rea Zhai）
翻　　譯：Fiona
責任編輯：林可欣
美術設計：徐嘉裕
出　　版：新雅文化事業有限公司
　　　　　香港英皇道499號北角工業大廈18樓
　　　　　電話：(852) 2138 7998
　　　　　傳真：(852) 2597 4003
　　　　　網址：http://www.sunya.com.hk
　　　　　電郵：marketing@sunya.com.hk

發　　行：香港聯合書刊物流有限公司
　　　　　香港荃灣德士古道220-248號
　　　　　荃灣工業中心16樓
　　　　　電話：(852) 2150 2100
　　　　　傳真：(852) 2407 3062
　　　　　電郵：info@suplogistics.com.hk
印　　刷：中華商務彩色印刷有限公司
　　　　　香港新界大埔汀麗路36號
版　　次：二〇二四年四月初版

目錄

他們是健康科技英雄！

世界上有很多英雄，每天運用各種科學（Science）、科技（Technology）、工程（Engineering）及數學（Mathematics），合稱**STEM技能**來幫助我們保持健康和戰勝疾病。

你可能已經認識一些健康科技英雄，例如醫生、牙醫和護士。其實，還有許多了不起的專家致力維護我們的健康呢！現在就去看看他們正在做什麼吧！

首先，你們知道STEM與健康有什麼關係嗎？

（S）科學與健康

科學是探究事物運作方式的系統。例如，醫生、護士和生物學家利用科學知識來探究我們的身體如何運作，以及身體如何受到各種疾病影響。

（T）科技與健康

科技是為了讓生活更輕鬆便利而創造出來的各種工具。簡單如我們腳部受傷時用的拐杖，以至檢測大腦的掃描器，都屬於醫療健康科技。

（E）工程與健康

工程師通過科研來創造事物，運用在醫療發展上，例如研製更好的藥物、人工心臟或機械手臂。

（M）數學與健康

科學家和工程師每天都會在工作中運用數學。有些健康科技英雄利用數學和數據來了解如何控制疾病。

社區裏的英雄

你感到不適嗎？別擔心，請到我診所來，我是你的**家庭醫生**，會盡力找出方法讓你康復。

仔細看看，社區之中還有許多健康科技英雄在默默工作啊。

窺耳鏡

聽診器

家庭醫生通過病人的症狀（身體發出的線索），找出病人出現了什麼健康問題。他們會使用聽診器來聆聽體內的聲音，和使用窺耳鏡來檢查耳朵內部。

衛生訪視員是非常熟悉嬰兒和幼兒的專家。他們會仔細測量每個新生嬰兒的成長情況。

嬰兒秤

你有各種不適時，也可以去看這些專科醫生：

眼科 ↑
耳鼻喉科 →
牙科 ←
足病診療 →

藥劑師

藥房

藥物

藥劑師：他們負責配藥，給病情較輕的病人提供建議，告訴他們如何照顧自己。

眼科醫生：檢查你的視力。

聽力學家：測試你的聽力。

牙醫：口腔健康專家。提醒你記得保持牙齒清潔啊！

足病診療師：解決腳部問題。

醫院裏的英雄

我是**護士**，其中一個職務是在你住院期間看顧你。

我會量度你的體溫，確保溫度不會過高。我還在你的手臂套上了監測器袖帶來測量血壓，了解你的心臟是不是在正常運作。

血壓計

放射師負責拍攝人體內部。他們操作特殊的設備，例如X光機和磁力共振掃描（MRI）。

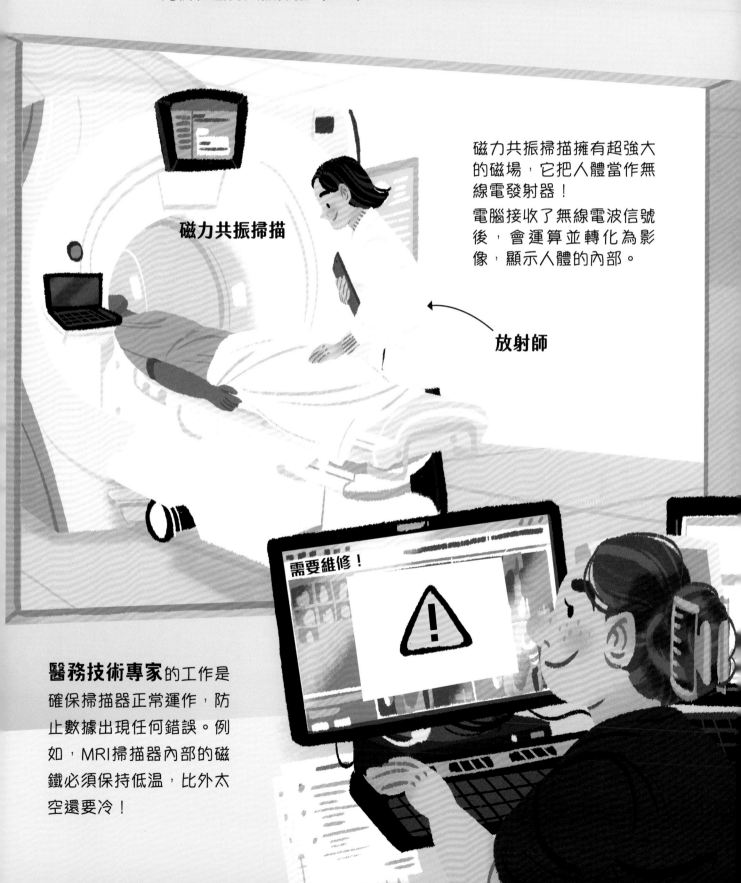

磁力共振掃描

磁力共振掃描擁有超強大的磁場，它把人體當作無線電發射器！

電腦接收了無線電波信號後，會運算並轉化為影像，顯示人體的內部。

放射師

需要維修！

醫務技術專家的工作是確保掃描器正常運作，防止數據出現任何錯誤。例如，MRI掃描器內部的磁鐵必須保持低溫，比外太空還要冷！

手術中的英雄

我是**外科醫生**，負責為病人身體進行手術，修復出現問題的身體內部。我的工作需要一個專業團隊在旁幫忙，和使用很多高科技設備。

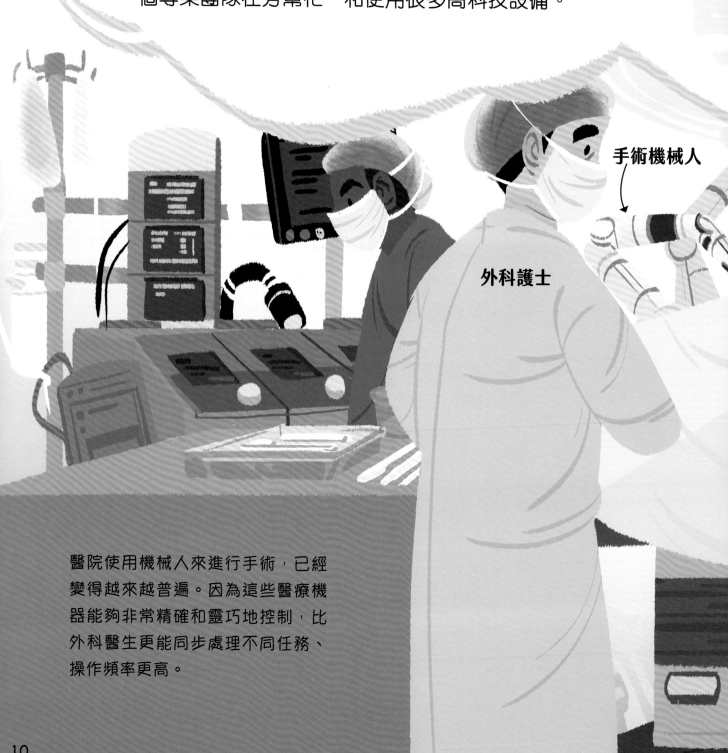

手術機械人

外科護士

醫院使用機械人來進行手術，已經變得越來越普遍。因為這些醫療機器能夠非常精確和靈巧地控制，比外科醫生更能同步處理不同任務、操作頻率更高。

我是**麻醉科醫生**，我的職責是讓病人感受不到手術的疼痛感覺。我會使用藥物令病人暫時停止活動和失去感覺，通常在手術開始前我就會讓他們完全入睡。

手術放大鏡

解剖刀
（外科手術刀）

進行心臟手術時，人工心肺機將血液輸送到病人的全身，它還會在血液中添加氧氣，同時排走二氧化碳。

人工心肺機

救護車上的英雄

緊急通知！我是**救護員**，在病人被送往醫院時，我會提供醫療協助。救護車裏有很多先進醫療設備來維持病人的生命。快點鳴笛，我們在趕時間！

心臟監測器：在病人胸部貼上傳導貼片來追蹤心臟活動。

脈搏血氧定量計：會發出激光照射手指尖，測量血液中的氧氣含量。健康的人體內血液會含有大量氧氣。

氧氣瓶：呼吸困難的病人需要氧氣供應。氧氣瓶內的氣體比外間的空氣含有更多的氧氣。

除顫器：如果病人的心跳停頓，無法向身體輸送血液，這部設備可發出強大的電擊來刺激心臟回復跳動。

司機使用衞星導航找出前往醫院的最快路線。

救護員通過無線電通知醫院，以便急症科醫生及早做好準備幫助病人。

物理治療英雄

我是**物理治療師**，幫助人們透過運動和其他活動來復原身體。來！讓我們一起動動身體吧！

我會用雙手按摩病人僵硬或酸痛的肌肉，這有助肌肉放鬆。

這樣，病人活動身體時就可減少痛楚了。

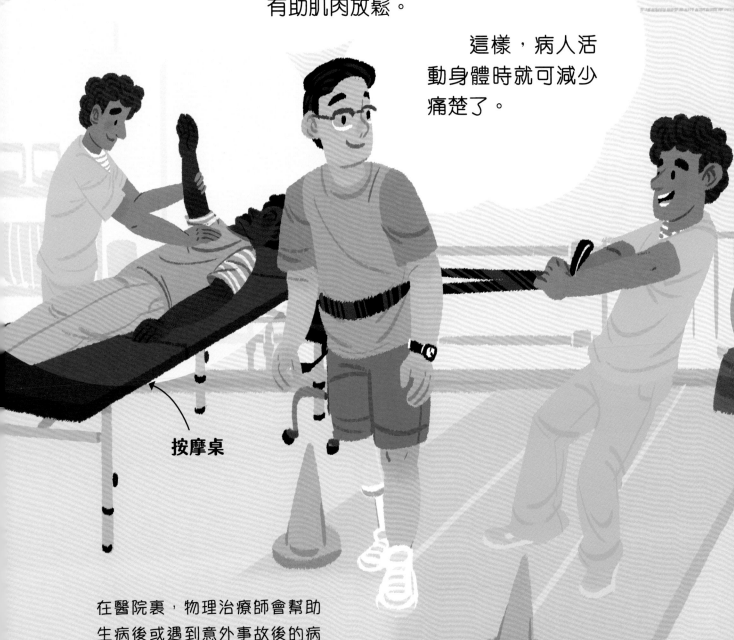

按摩桌

在醫院裏，物理治療師會幫助生病後或遇到意外事故後的病人復健。

物理治療師也在醫院以外的場所工作。他們幫助身體殘疾人士維持身體機能和保持活動能力，還會幫助運動員減低受傷風險和康復。

我非常了解人體如何運用206塊骨頭和超過600條肌肉活動。我會幫助病人鍛煉受損的肌肉。

水療池

他們使用許多工具來幫助病人，包括負重器材、橡筋帶、水療池和其他運動器械。

生物醫學工程師

有時候，我們需要在體內添加裝置來支援身體運作。**生物醫學工程師**就是負責設計和製作這些裝置。

我們製造的裝置必須耐用，可以運作多年。我們採用陶瓷和特殊金屬等物料來製作，這些材料不會生鏽或使用一段時間後而變得脆弱——並且絕對不會毒害身體！

心臟起搏器

人工耳蝸

人工髖關節

支架

可在人體內運作的**植入裝置**：

心臟起搏器：安裝在心臟的電子裝置，用來幫助心臟跳動。

人工耳蝸：可將聲音信號傳送到大腦的人工耳朵。

人工關節：用來取代磨損了的骨頭。

支架：塑膠插入物，用於修復堵塞的管道或血管。

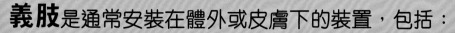

義肢是通常安裝在體外或皮膚下的裝置，包括：

下肢義肢：包含足踝和膝蓋關節。

機械手臂：所有手臂關節都由小型馬達驅動。

假牙：這是人類最早研發的義肢之一。人們早在
2,700年之前便開始製造和使用假牙了！

哈哈！我有佩戴假牙！

假牙

研究員正在改良連接大腦與義肢的方法，使我們只需要通過思考，就可移動它們！

機械手臂

下肢義肢

實驗室裏的英雄

有很多健康科技英雄都不用跟病人直接接觸，而是在實驗室裏工作。他們有些負責檢驗病人血液或樣本，看看有沒有病徵，有些則負責研發新藥和疫苗。

我是**藥理學家**，負責設計新藥並在實驗室中製藥。之後，我會進行藥物測試，看看這些藥物是否能夠幫助大眾。雖然很多測試都會失敗，但只要有一次成功，便有機會調製出可以拯救無數生命的新藥物。

微生物學家

有一些疾病是由細菌、病毒甚至蠕蟲導致的！
微生物學家使用高倍率的顯微鏡和染色化學品來追蹤這些入侵者。

醫生和護士取得病人的血液樣本後，會交給**血清學家**測試，尋找血液中的特定化學物質。

每種化學物質都在提示病人身體可能存在的問題。檢測後，醫療團隊會決定如何進一步查找病因。

對於阻礙身體正常運作的毒素及其他化學物質，**毒理學家**都很熟悉。

血清學家

毒理學家

防控疾病的專家

我是**免疫學家**，專門研究人體如何對抗疾病，其中一個方法就是研發疫苗。

疫苗是特殊的藥物，當人們感染嚴重疾病時，疫苗可以防止病情加重。有些疫苗甚至可以完全阻止疾病感染身體裏的細胞！

大多數疫苗的劑量都很少，可透過針筒的小針頭刺穿皮膚注射入身體內。

疫苗接種員

針筒

當我們受到實際的疾病攻擊時，疫苗會教導身體應怎樣去對抗疾病。

試驗

每一種新藥物，包括疫苗，都必須先試驗。免疫學家會邀請數千名志願者測試這種藥物。

我是**數據科學家**。我保存所有疫苗臨牀試驗志願者的記錄和數據，追蹤他們接受試驗前、期間和之後的健康狀況。

這些數據將告訴我，接種了疫苗的人們是否受到保護，免受疾病的傷害。

試驗數據

維護公共衛生的英雄

如果有疾病開始傳播，醫院會召集我們這些**流行病學專家**，致力保持大眾健康和安全。

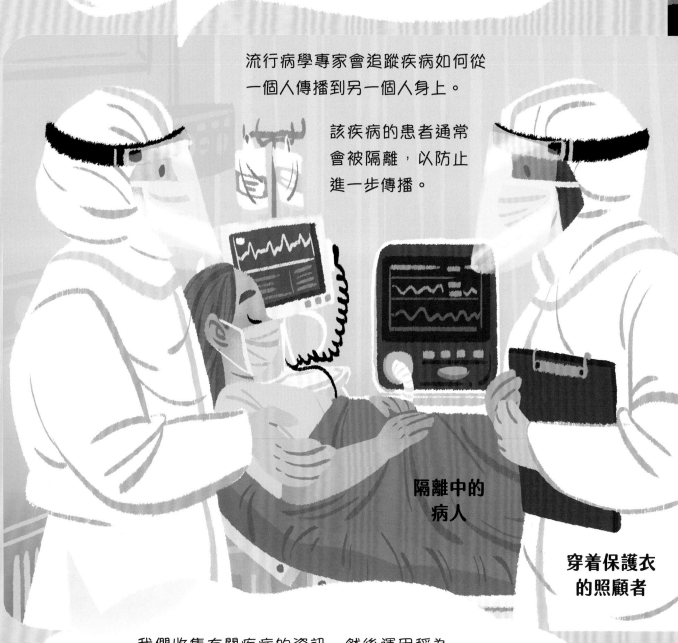

流行病學專家會追蹤疾病如何從一個人傳播到另一個人身上。

該疾病的患者通常會被隔離，以防止進一步傳播。

隔離中的病人

穿着保護衣的照顧者

我們收集有關疾病的資訊，然後運用稱為疾病模型的數學系統，來預測疾病將會在哪裏傳播及傳播速度可以有多快。

流行病學專家密切關注流行病（在一個地區
迅速並廣泛傳播的疾病）。
大流行病是指全球各地同時爆發的流行病。

疾病模型

除了疾病，流行病學專家還關注污染。
他們檢查空氣中是否存在危險物質，及
測試有毒化學物質。

公共衛生
資訊

收集空氣樣本
的袋子

流行病學專家通過公告分享資訊，
並向市民提供保持健康的建議。

照顧心理健康的英雄

專門照顧心理健康的醫生主要分為兩類。包括**精神科醫生**以及**心理學家**。我們都願意花時間與病人交談，以幫助他們解決困擾。請坐下來，我們聊一聊吧！

精神科醫生能夠處方藥物來改變大腦運作方式。有些藥物可以改變我們的心情，及對於事物的感受。

心理學家幫助病人深入了解自己的心理運作，並協助他們找出導致困擾的想法和感受。

這兩種STEM專家會與其他有關心理和生理的健康科技英雄合作，例如**職業治療師**、**物理治療師**和**醫生**，聯手幫助病人紓緩情緒！

職業治療師

物理治療師

醫生

讓我們吃得健康

人們說「人如其食」，意思是我們吃了什麼，就決定了身體狀況，可見飲食對健康非常重要。**營養學家**和**營養師**專門幫助人們吃得「有營」。

作為營養師，我通過解釋食物中的營養價值，以幫助人們根據個人需要選擇健康的食物。

身體可能因為食用了某些食物而變差。營養師會幫助病人制訂特殊膳食計劃，以避免吃了有害食物。

以下是一些常見疾病及相關特殊膳食需求：

二型糖尿病：需要攝取足夠纖維。注意含有碳水化合物的食物，避免血糖過高。

心臟病：需要減少攝入脂肪和鹽分，以減輕心臟和血液系統的負擔。

乳糜*瀉：不要食用含有麩*質的食物，如小麥，因為麩質會損害腸道黏膜。

*糜，粵音眉；麩，粵音夫

食物專家還會為長期使用肌肉的人，例如建築工人、足球員或舞蹈員，去挑選合適的食物來保持體格健康。

我要成為STEM 健康科技英雄！

如果你想讓人們活得更好、更久和更健康，必須學習一些STEM技能。如何成為STEM健康科技英雄呢？

醫生、護士、技術人員、實驗室人員和工程師需要掌握一系列科目的知識。

人類生物學：這是一門研究人體運作的科學。醫生需要知道身體中每條肌肉、血管和骨骼的名稱。

化學：這是一門研究物質的科學，觀察它們的組成和變化。很多人體的運作都與化學有關。

數學：健康科技英雄需要時常運用數學和數據，追蹤疾病走向，並計算病人需要服用的藥物劑量。

物理學：這門科學解釋了電力、磁力、激光和宇宙萬物運作的基本規則。它是許多STEM工作的基礎！

護目鏡

召集所有英雄！
你們的使命就是：努力學習，獲得更多STEM超能力，創造更美好的世界！

健康知識知多點

成為STEM英雄從來都不嫌早。試試挑戰以下題目，
看看自己對健康知識的範疇有多熟悉。

問題 1：
誰負責安排和配發藥物？
A. 農夫
B. 藥劑師
C. 心理學家

問題 2：
血清學家主要研究什麼？
A. 鼻涕樣本
B. 血液樣本
C. 指紋

問題 3：
哪個身體部位依賴蛋白質生長？
A. 肌肉
B. 大腦
C. 眼睛

問題 4：
病人何時要使用人工心肺機？
A. 幫助睡眠時
B. 運動期間
C. 手術期間

問題 5：
哪種藥物可以預防感染疾病或預防重症？
A. 止痛藥
B. 止咳水
C. 疫苗

問題 6：
是非題：磁力共振掃描（MRI）的磁鐵需
要保持溫暖？

> 你答對了 4 題以上嗎？你果然是健康科技專家！
> 如果 6 題全對——你就是**STEM英雄**！

STEM健康小知識

- 最古老的義肢是古埃及人在3,000年前使用的木製腳趾。
- 製藥商研發一種新藥物，然後測試它的功效和安全性，這平均需要 10 年時間，
  但在緊急情況下則可以進行得非常迅速！
- 救護車的英文是Ambulance，源自拉丁語，意思是「移動的醫院」。

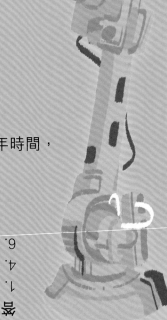

6. 非（絕大部分的磁鐵需要保持非常寒冷，約 -269°C）
4. C. 手術期間（進行心肺轉手術時） 5. C. 疫苗
1.B. 藥劑師 2.B. 血液樣本 3.A. 肌肉

答案

中英對照字詞表

anaesthetist 麻醉科醫生：確保病人在手術時處於睡眠狀態並且不會感到疼痛的醫生。

bacteria 細菌：微小的單細胞病菌，有一些可能引致疾病。

biology 生物學：研究生物的學科。

chemistry 化學：研究物質組成的學科。

community 社區：居住在同一區域的一羣人。

dietician 營養師：了解吃什麼可以保持健康的專家。

disability 殘疾：身體有點差異的人，他們需要額外的幫助來維持生活和活動。

defibrillator 除顫器：讓停頓的心臟重新跳動的機器。

epidemiologist 流行病學專家：研究疾病如何在社區中傳播專家。

engineer 工程師：設計和創造各種使人們生活更好的科技的專家。

infection 感染：細菌或病毒進入人體並攻擊。

immunologist 免疫學家：研究身體如何抵抗疾病的專家。

laboratory 實驗室：科學家工作的地方。

medical 醫療：與醫生和治療疾病有關。

MRI磁力共振掃描：用於觀察人體內部的掃描儀器。

nutritionist 營養學家：研究不同食物中營養成分的專家。

paramedic 救護員：幫助急救病人的專家。

patient 病人：受醫生或護士照顧的人。

pharmacologist 藥理學家：熟悉藥物的專家。

physics 物理學：研究宇宙中一切運作定律的學科。

pollution 污染：存在於空氣、水或土壤中之物質，而且是不需要及對健康有害的。有些污染物會導致疾病。

prosthetic 義肢：替代身體部位之部件。

psychiatrist 精神科醫生：照顧人們心理健康並可以處方藥物的醫生。

psychologist 心理學家：研究人們思考方式的專家，運用談話療法來幫助人們改善心理健康。

radiographer 放射師：控制MRI和其他醫療掃描儀器的人。

sample 樣本：從一個總體抽取一小部分來做測試。

science 科學：了解世界運作方式的系統。

serologist 血清學家：研究血液和其他體液的科學家。

sphygmomanometer/blood pressure monitor 血壓計：用於測量血壓的儀器。

surgeon 外科醫生：剖開身體來修復內部問題的醫生。

symptom 症狀：表示病人在生病的徵兆。

technician 技術人員：在一個科學領域中具有實用知識的專家（例如實驗室技術人員）。

technologist 技術專家：在一個科技領域中具有專業知識的專家。

therapist 治療師：幫助患上疾病或遇上意外的人康復的人員。

toxicologist 毒理學家：熟悉毒素的專家。

vaccine 疫苗：可以預防疾病或重症的藥物。

virus 病毒：會致病的微小生物，可感染人體。

延伸學習

相關書籍

《STEM職業小學堂》
一套四冊，每冊詳細介紹一項職業技能（包括科學家、太空人、建築師和工程師）。各個職業均滲透STEM學科的知識，培養孩子的科學智慧和創意思維。

《夢想STEAM職業系列》
一套四冊，把溫馨的故事、優美的插圖、日常的數理科技知識融合在一起，讓孩子了解STEAM各相關職業（科學家、工程師、數學家和編程員）的特點和重要性。

《人體裏有什麼？奇妙人體磁貼學習套裝》
帶你探索人體奧秘，讓你一貼就懂人體骨骼、肌肉、器官、牙齒和心臟的位置！

相關網站

The Human Body Game（英文網站：人體遊戲）
www.thehumanbodygame.co.uk
一起來探索人體系統，看看頭部在MRI和X光下的效果！

Operation Ouch（英文youtube頻道：人體奧奇實驗室）
www.youtube.com/c/OperationOuch
通過有趣又友善的醫生影片，探索新奇的醫學及藥物世界。

食物安全中心・食物營養搜尋器
www.cfs.gov.hk/tc_chi/nutrient/presearch3.php
只要輸入食物名稱，就可以知道自己吃進了什麼營養！

> **給家長的話：**左列的網站都富有教育意義，我們已盡力確保內容適合兒童，但也建議各位陪同子女一起瀏覽，以檢查內容有沒有被修改，或連結到其他不良網站或影片。

索引